漫畫 數學科普 爆笑史

漫畫數學科普爆笑史

作　　者：超模君 / 郝志峰
企劃編輯：王建賀
文字編輯：王雅雯
設計裝幀：張寶莉
發 行 人：廖文良

發 行 所：碁峰資訊股份有限公司
地　　址：台北市南港區三重路 66 號 7 樓之 6
電　　話：(02)2788-2408
傳　　真：(02)8192-4433
網　　站：www.gotop.com.tw
書　　號：ACV044500
版　　次：2022 年 05 月初版
　　　　　2022 年 12 月初版五刷
建議售價：NT$350

國家圖書館出版品預行編目資料

漫畫數學科普爆笑史 / 超模君, 郝志峰原著. -- 初版. -- 臺北市：碁峰資訊, 2022.05
　面；　公分
　ISBN 978-626-324-120-6(平裝)
　1.CST：數學　2.CST：傳記　3.CST：漫畫
310.99　　　　　　　　　　　　　　　111002554

讀者服務
● 感謝您購買碁峰圖書，如果您對本書的內容或表達上有不清楚的地方或其他建議，請至碁峰網站：「聯絡我們」\「圖書問題」留下您所購買之書籍及問題。(請註明購買書籍之書號及書名，以及問題頁數，以便能儘快為您處理)
http://www.gotop.com.tw

● 售後服務僅限書籍本身內容，若是軟、硬體問題，請您直接與軟體廠商聯絡。

● 若於購買書籍後發現有破損、缺頁、裝訂錯誤之問題，請直接將書寄回更換，並註明您的姓名、連絡電話及地址，將有專人與您連絡補寄商品。

序 **Preface**

　　數學是人類智慧發展上一顆燦爛的明珠。無論是在人類的科技發展過程中，還是個人的學習生涯中，數學的重要性都不言而喻。目前很多數學科普讀物的內容都只是透過文字搭配簡易插圖，或是提供大量公式、定理來傳達知識，在中小學階段沒有培養出對數學的興趣之前，常受上述這些「枯燥」的表達方式所影響，慢慢地產生「數學很難學」、「學數學很無聊」等先入為主的想法。所以，我們一直在思考：什麼樣的數學科普方式才能讓讀者產生「數學科普的興趣」呢？

　　懷著讓讀者愛上數學的初衷，我們研究、調查了大量數學科普讀物，發現：將漫畫融入書中最能引起讀者的閱讀興趣。

　　於是，郝志峰教授與超模君團隊開始策劃「漫畫數學科普爆笑史」一書，以提升數學核心素養為目標，以數學科普學家們的生平故事及其主要研究成果（即「數學之史」）為主線，用漫畫的方式帶領讀者一起進入數學科普的世界，一起體驗數學科普學家們人生旅途中的酸甜苦辣。在學習數學公式、定理之前，如果能先透過書中融入知識的漫畫情境進一步產生對數學科普的興趣，慢慢就能體會到公式定理的「簡潔」，認識到證明邏輯的「嚴謹」是多麼有趣、美妙、自然，進而在後續的學習中真正地感受到「數學科普之美」。

　　我們在本書中為每一位數學科普學家都量身打造了創意十足的 Q 版形象，並以漫畫的形式演繹數學家精彩的一生。在本書創作過程中，我們濃縮了數學科普史相關內容，將其融入主線脈絡，並參考了大量文獻資料。同時，我

們還採用新媒體預播的方式，在社群平台進行連載，收到很多讀者的回饋與意見。在本書的出版過程中，我們將這些修改意見提供給專家審閱，並適當納入書籍內容的調整。感謝網友們的支持，在你們的幫助下，本書得以更臻完美。

　　我們相信，大家會因「數學科普之史」而產生「數學科普之趣」，進而感受「數學科普之美」，最終昇華到讓「數學科普之用」為我所用。最後，希望大家支持本書！這會是我們繼續創作更好作品的最大動力！未來將有更多的「漫畫數學」，以及「漫畫科學」，再見，謝謝！

郝志峰 & 超模君

目錄 Contents

第一回
天命加持：
阿基米德的故事（1）

學習**力學**，有個人的名字你一定聽過。

誰在叫我？

是希臘神話中的大力士

海克力士？

大力士

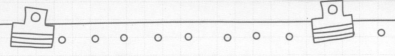

不！他是集美貌與才華於一身，被公認為是古代科學界**最帥的人**。

他就是「**超模君**」。

是嗎？

老大，我錯了！

著名
哲學家

超人氣
科學家

數學家

物理學家

唉，
家裡牆太小！

左邊這位才是今天的
主角，天選之人——
阿基君，
阿基米德。

如果說人生就像一場遊
戲，阿基君一出生就開了
課金外掛。

阿基米德 ✖

普通難度　一鍵通關　煉獄難度
🛡　　　👑　　　🧠
1000　999999　　0

▶出生

 註：「阿基米德」在希臘語中寓意為「大思想家」。

和其他往身上抹橄欖油**健身**的貴族同學相比，

阿基君從小就是**熱愛學習**的好奇寶寶。

老爸，你在看什麼？巴拉巴拉……

能教教我嗎？嘰哩呱啦……

兒啊！這可是咱們家祖傳的「金圓規」，以後家族的數學大業就託付給你了！

在爸爸的影響下，阿基君對天文學、數學也產生了濃厚**興趣**。

 註 金圓規：圓規是一種常用的數學工具，阿基米德的部分畫像中曾出現過阿基米德拿著圓規的形象，「金」顯示出他家境好。

世界
智慧之都

要知道，當時的亞歷山大城是有名的**世界學術、文化、貿易中心。**

那裡有雄偉的博物館、圖書館，而且聚集了當時**一流的科學家。**

LV.99（菲爾茲獎）
LV.89（諾貝爾獎）
LV.79（奧數冠軍）
LV.69（數學滿分）
LV.1(菜鳥)

好的！

老歐啊！
我打算把小基送到你那邊，以後就拜託你啦！

為了讓阿基君接受更好的教育，爸爸還**聯繫**了當時的幾何學大師——**歐幾里得。**

註 歐幾里得在阿基君 12 歲時去世了，所以實際上阿基君 20 歲留學時跟隨的老師是歐幾里得的學生——卡農。

阿基君就這樣在亞歷山大城，**學習** 數學、天文學、力學。

跟著我，左手右手一個慢動作。※

某個星期天，阿基君放假約了好朋友們，一起在尼羅河景區上 **乘風破浪**。

白浪滔滔我不怕，撐起舵兒往前划。

友誼小船

嘩…嘩…

※ 出自 TFBOYS《青春修煉手冊》，作詞：王韻韻。

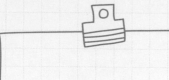

忽然，他看到河邊聚集了許多農民，農民們正在**辛苦地提水**。

回到學校後，阿基君不時會**想起**農民提水時的吃力模樣。

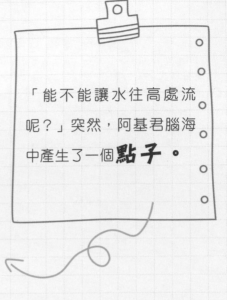

「能不能讓水往高處流呢？」突然，阿基君腦海中產生了一個**點子**。

阿基君立即把這個想法畫成一張**草圖**。

我果然不是畫畫的料！

他拿著這張草圖去找木匠，**請求師傅**幫他做一個用於抽水的工具。

經阿基君的指點，木匠製作出了一個**怪東西**。

不錯不錯，跟我想像的差不多！

如意金箍棒？

阿基君將這個東西搬到尼羅河邊，並把它的一頭放進河水裡，**然後輕輕地轉動手把。**

人們把這種水泵稱為

「阿基君螺旋抽水機」。

好用吧！

螺旋抽水機設計圖

專利

這個發明被流傳下來。至今，埃及還有一些地方的農民在**使用**這個設備。

此外，阿基君還根據「螺旋抽水機」的設計過程，寫出了《論螺線》一書。

註　阿基米德螺線，亦稱「等速螺線」。在一點 P 沿動射線 OP 以等速率運動的同時，這射線又以等角速度繞點 O 旋轉，點 P 的軌跡稱為「阿基米德螺線」。

後人則根據《論螺線》中對螺線規律的研究，發明了**大量工具。**

註 原子筆中的彈簧、推動輪船前進的螺旋槳，都是受到螺線規律的啟發。

這也是螺線！

真迷人！

還有一群**科學家**在**自然界**中也發現了大量的螺線規律。

註 螺線規律也啟發了很多科學發現，例如黃金比例（1509年）、費馬螺線（1636年）、對數螺線（1638年）等。

至此，阿基君人生的
「開掛之旅」
才剛剛開始。

我是個要成為
「力學之父」
的男人！

繁華的亞歷山大城中，

在歐幾里得及卡農的加持下，

留學黨阿基君對力學、幾何學的理解，

愈來愈深入。

歷時三天三夜終於完成……

小劇場

小小鐵匠

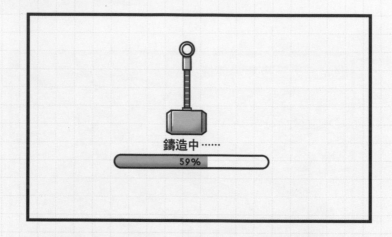

第二回
國之重器：
阿基米德的故事（2）

阿基米德 Lv.66

6 貼文 ｜ **800萬** 粉絲 ｜ **1** 追蹤中

話說自從阿基君發明螺旋抽水機後，**名氣大漲。**

但阿基君並**不想成為網紅，**因而選擇繼續在亞歷山大城學習。

開什麼玩笑！我可是要成為「力學之父」的男人！

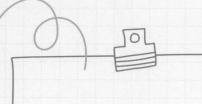

轉眼間，阿基君 **畢業了。**

作為「海歸派」的阿基君，
一回到老家就受到敘拉古國
王海維隆二世的 **禮遇。**

跟國王成為好友後，
阿基君成功得到了 **國王的資助。**

是時候展現
真正的實力了！

之後，有錢的阿基君更加
沉迷研究。

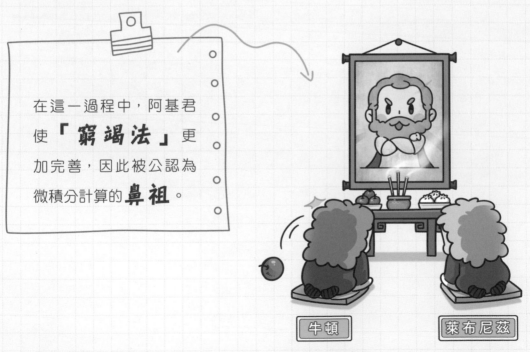

在這一過程中，阿基君
使「**窮竭法**」更
加完善，因此被公認為
微積分計算的**鼻祖**。

牛頓　　萊布尼茲

註：窮竭法，即我們今天所說的逐步近似求極限方法。阿基君
用這個方法，將圓形內接多邊形與外切多邊形，讓邊數逐
漸增多，面積逐漸接近的方法，比較精確地求出圓周率。

由於阿基君的成果缺乏實用性，因此**沒獲得**國王的關注。

某天，國王看到了阿基君新加的**好友群組**。

 阿基

不是我吹牛,給我一個支點,我就可以撬起整個地球

21:14 刪除

 阿基君　21:25
哈哈哈……

 好友卡農　21:35
基哥好強

 老爸　23:21
為兒子打卡!!!

 超模君　23:21
太強了太強了太強了!!

這小子越來越狂了，不能讓他太好過！

國王一看，覺得阿基君越來越狂了，要給他出一些**難題**才行。

這是造大船的訂金，這船是我兒子的生日禮物，要準時交貨喔！

沒問題！

恰巧，最近老朋友──托勒密王國的法老和國王托勒密三世，委託敘拉古國王造了一艘**大船**。

完工的大船由於船體實在 **過於龐大,** 根本無法放進海裡。

再不出貨,國王就得 **付違約金** 給托勒密三世。

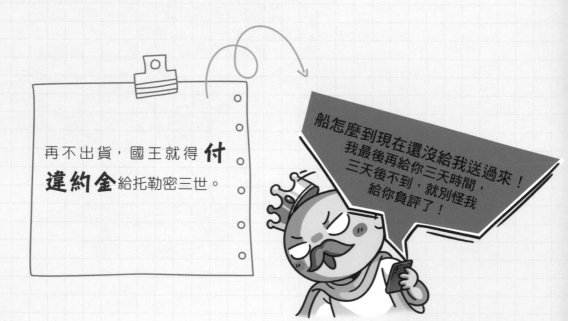

船怎麼到現在還沒給我送過來!我最後再給你三天時間,三天後不到,就別怪我給你負評了!

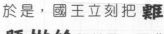

於是，國王立刻把**難
題拋給**阿基君，要求
他在三天內解決。

還以為是什麼不得了的事！
這麼…簡單！

這小子
到底行不行？

換成是一般人，早就沒輒
了，但十八般武藝在身的
阿基君**沒在怕！**

兩天過去了，
小基怎麼一點動靜
都沒有？
連群組訊息都沒發。

一天、兩天過去了，阿基
君卻一點動靜都沒有，
國王對阿基君越來越**沒
有信心**了。

終於，在第三天清晨，國王**收到**了阿基君的**訊息**。

10點前能到船廠嗎？

一收到消息，國王立刻出發趕往船廠。

沒問題，您坐好囉！

國王到了船廠後，並沒有看到阿基君，**電話也打不通**。

您所撥的電話號碼沒有回應，請稍後再撥⋯

悠悠哉哉

嗝

中午 12 點，吃完午餐的阿基君**慢慢走**到船廠。

到了船廠後，還沒等國王發問，阿基君立刻亮出他的秘密武器——**滑輪**。

:Bling!:

你去安裝滑輪！

你去架好木棍！

接著，阿基君立刻**安排工匠**在船的周邊都安裝上設計精巧的滑輪和木棍。

在一切安排好後，阿基君遞給國王**一根繩子，**並示意國王拉繩子。

國王雖然內心充滿黑人問號，但還是慢慢地拉動了繩子。隨後，大船居然慢慢地**滑進海裡。**

所有人都看得**目瞪口呆。**

騎上我心愛的小摩托，它永遠不會堵車……

之後，阿基君進入了實驗室和皇宮**兩點一線**的生活。

喂～小基嗎？我好像被詐騙了，嗚嗚嗚…

別慌！

有一天，正在做實驗的阿基君突然接到**國王的電話**。

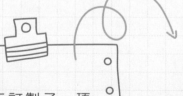

原來，國王訂製了一頂**純金皇冠。**

$1000000
請選擇：黃金
黃金　白銀　青銅
數量　－　1　＋
確定

國王見阿基君多日未回覆,便**又打電話**給阿基君。

喂?小基嗎?皇冠怎麼樣了?測出來了嗎?

老闆,這有點難度啊!我再想想。

這次真要吃「炒魷魚」了!

兩天後,阿基君還是**想不出辦法。**

幾乎要放棄的阿基君決定先**泡個澡,**然後進宮回覆國王。

當阿基君**躺進浴缸**時，發現自己入水越深，浴缸裡溢出的水就越多。

尤里卡！
尤里卡！

在那一瞬間，阿基君欣喜若狂地跳出浴缸，澡也不洗了，衣服都沒穿，**光著身子**就直奔皇宮。

註 尤里卡（*Eureka*），是希臘語「找到了」的意思。

此時的阿基君到底發現了什麼，竟讓他做出如此瘋狂的舉動？

第三回
名垂青史：
阿基米德的故事（3）

尤里卡！

尤里卡！

話說阿基君激動不已地從浴缸裡跳出來，**奔向王宮。**

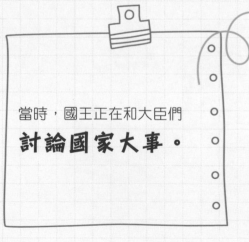

當時，國王正在和大臣們**討論國家大事。**

大家今晚想吃什麼？

樓下那家新開的火鍋店還不錯。

我發現皇冠的秘密了，但我需要金塊、銀塊……

此時的阿基君叫住了國王，**嘰哩呱啦**開始講自己的大發現。

太好了！
我趕快讓侍衛準備這些東西。

皇冠、金塊、銀塊都備齊了，阿基君開始了他的揭秘**實驗**。

果然，真相只有一個，皇冠確實**不是**純金的。

假的

 註 皇冠排出的水量比純金多，說明兩者密度不相同，皇冠裡摻進了其他金屬。

立刻把這個賣家給我抓回來！

聽完阿基君解釋後，國王**氣炸了**。

立下大功勞的阿基君不僅受到國王的**表揚，**

小老弟，你果然沒有讓我失望！

實力加運氣，哈哈！

聽我的準沒錯

阿基君帶你上天堂

歌巴

愛你

全民偶像

還又寫出一本《論浮體》，一下子晉升為**國民偶像。**

註　《論浮體》是流體靜力學的前身。物體在液體中所獲得的浮力，等於物體所排出液體所受的重力。

萬萬沒想到，平靜的研究生活很快就**結束了**。

原來，阿基君生活的國家叫敘拉古，與**迦太基**是一對好朋友。

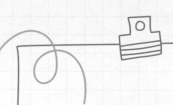

一天，**羅馬共和國**找迦太基打了一架。

註 第二次布匿戰爭。

敵人的朋友也是敵人，羅馬共和國想把敘拉古也**一起收拾**了。

於是，羅馬共和國和敘拉古相約**決戰**西西里島。

絕不！

還不投降

羅馬共和國的軍隊原以為這只是個小對手，結果兩年過去了，敘拉古居然**久攻不下？！**

碎碎碎碎碎

原來，阿基君在好朋友敘拉古國王的央求下，運用數學知識，搖身一變成為**武器**專家，**更新**了自家武器庫。

洗洗睡吧！

基氏武器 1 號：**鐵爪滑輪起重機，**它是沒有感情的**抓船機器**。

 註 鐵爪滑輪起重機可以鉤起靠近城堡的船隻，再把船摔回海裡。

基氏武器2號：**死光鏡**，它可以藉助太陽光，**點燃**對方的船帆。

基氏武器3號：**投石機**，遠程攻擊就是痛快。

從此以後，阿基君進入了羅馬共和國軍隊的**黑名單**。

基氏武器很厲害，可羅馬共和國軍隊更強大，敘拉古最終還是**領了「便當」**。

仗不用打了，打工仔阿基君一下子變成了**退休老大爺**。

好呀！

寶貝～
下午要不要一起
去沙灘散步？

於是，他開始享受自己的**晚年生活**。

準時到達的阿基君，**發現**女伴還沒來。

在做什麼呢？
不會是老年痴呆吧！？

看著平整的沙灘，阿基君突然有了**解題**的興致。

你跟他說，
我在市中心有好幾個攤位，
問他有沒有興趣一起擺攤。

另一邊，羅馬共和國軍營內，將軍馬塞勒斯很欣賞阿基君，便派士兵去**邀請**阿基君**一起「創業」**。

士兵馬上出發，在沙灘上**找到**了阿基君。

不聽不聽，
就是不聽。

但阿基君正沉迷解題，並**不想**參加政客的虛假社交。

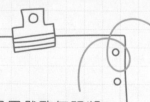

小小阿基君居然敢無視將軍，士兵一怒之下，朝阿基君**大吼**。

喂，老傢伙，別敬酒不吃吃罰酒！我最後再說一遍，我們將軍想見你，你到底走不走！？

阿基君被打斷了思路，於是也**吼回去**。

士兵聽到後忍無可忍，拔刀揮向阿基君。

至此，阿基君

被迫「下線」。

馬塞勒斯得知小兵做了蠢事,十分生氣並**重罰**了他。

馬塞勒斯為阿基君修了一座**陵墓,**阿基君一生就此畫上了句號。

註 馬塞勒斯對阿基米德的死十分痛心,他嚴懲了那個士兵,並為阿基米德修建了陵墓。按阿基米德的遺囑,馬塞勒斯在墓碑上刻下了標明其體積比為三比二的一個圓柱體和內切球。他希望這位偉大的科學家把對科學的愛好和研究,帶到另一個世界去。

縱觀阿基君的一生,不僅開啟了兩個數學**新事業,**

更是直接影響了**數學**和**物理**的後續發展。

牛頓　　　　愛因斯坦

由於他的偉大創造，後人把阿基米德、高斯、牛頓和歐拉並列為世界最了不起的**四大數學家**。

四大數學家

第四回
芝諾悖論：
芝諾的故事

@# (&$)——
(! #@%&%!

*^@$^)&——
#@~ (+! ?

古希臘的文化人想要生存，必備技能之一就是——**爭辯**。

約公元前 490 年，有一位「**爭辯大王**」上線了，他就是大名鼎鼎的——**芝諾**。

@&#$)*^$@
" ~^?<+&!#
&!#%$JF?>~

芝諾出生在義大利南部的埃利亞，從小就十分**機靈，**

因為學得快，經常考 100 分，吸引了金牌導師**巴門尼德**為他**按燈給讚。**

你的夢想

是什麼

 註　巴門尼德是古希臘哲學中非常重要的哲學流派之一——埃利亞學派的主要代表者，埃利亞學派亦譯作「愛利亞學派」。

因為優秀，芝諾成了**巴氏嫡傳弟子**，榮登哲學一哥。

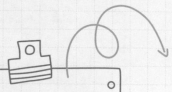

有一次，「**世界的本源是什麼？**」成為**熱門話題榜第一**，古希臘的「網友們」在討論過程中誰都不服誰。

熱門話題
觀點 聚焦 多元

哲 #世界的本源是什麼#
7.5萬討論 6.8億閱讀

• #世界的本源是什麼#　　　　5542 討論 ›

#數學家的故事#
4662討論 2808.3萬閱讀

• #真的要怪我的教育方法不好嗎#　　1572 討論 ›

#超級數學建模#
數學科普公眾號，分享有用的數學知識
4478討論 4671.6萬閱讀

• #Space X再放深水炸彈？#　　　2279 討論 ›

• #重磅公開：這個全套三冊的數學...　2.6万 討論 ›

熱搜榜 ｜ 話題榜 ｜ 要聞榜

此時，巴門尼德正為
『存在論』瘋狂
站台。

 巴門尼德認為世界本源是一種抽象的存在，世界是一個整體，天人合一，所謂的運動其實都是幻覺。

作為弟子的芝諾，當然
要和老師站在**同一
陣線**。

其他論 VS 存在論

每當有人跳出來批評「存在論」，芝諾也**從不退縮，**直接開戰。

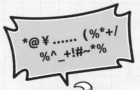

這個梗，你昨天講過了!

冷漠

久而久之，雙方都熟悉了對方的套路，舌戰也打得**不過癮**了。

決定就是你了!

於是，芝諾打算換個方式為老師撐場面，放出了他的寵物——**小龜**。

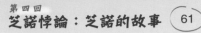

芝諾在朋友群組提出靈魂一問——假如**古希臘神阿基里斯和小龜賽跑，**

又賽跑？！

註　阿基里斯是古希臘神話中擅長跑步的英雄。

0 m　　　100 m

小龜在阿基里斯前**100 公尺，**但阿基里斯的速度是小龜的**10 倍。**

你們說說看，發令槍響之後，阿基里斯**能不能追上**小龜？

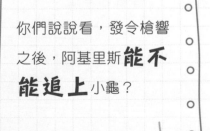

啦啦啦啦啦啦啦啦

其他人一看，這還用想，「跑神」**會追不上小龜？**

芝諾
既然你們都不認同我的老師，那假如阿基里斯和小龜賽跑，小龜在阿基里斯前100公尺，但阿基里斯的速度是小龜的10倍。你們說說看，槍響之後，阿基里斯可不可以追上小龜？
37 分鐘前

路人甲　　37 分鐘前
追得上

路人乙　　36 分鐘前
當然追得上啊！

路人丙　　27 分鐘前
這還用問嗎？

路人丁　　20 分鐘前
跑神永遠是神

超模君　　19 分鐘前
？？？

誰給你的勇氣？梁靜茹嗎？

芝諾看著手機，微微一笑，就你們這種程度，**還敢反對**我老師！！！

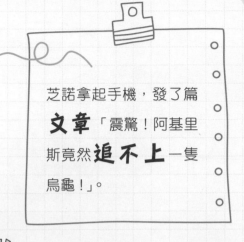

芝諾拿起手機，發了篇**文章**「震驚！阿基里斯竟然**追不上**一隻烏龜！」。

註 此為著名的「芝諾悖論」之一，芝諾提出：阿基里斯只能追到烏龜曾經到達的地方，那一瞬間，烏龜又已經向前移動了，於是產生了新的起點。這樣一來，烏龜會製造出無窮個起點，阿基里斯永遠都追不到前面的烏龜。

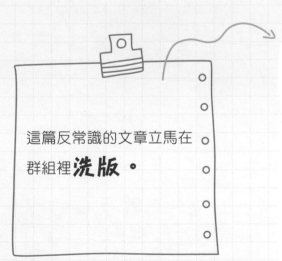

這篇反常識的文章立馬在群組裡**洗版**。

芝諾發出奪命連環追問，提出了 45 個致命難題來**支撐**老師的「存在論」。

註 芝諾著名的四大悖論：「阿基里斯與龜」、「飛矢不動」、「二分法」、「遊行隊伍」。

芝諾還將這些內容**寫成暢銷書**——《論自然》。

咦？要選新國王了？

註 芝諾的著作《論自然》現僅存若干殘篇。

然而，就在芝諾剛在數學界「混」得風生水起時，他突然轉頭跨足**政壇**。

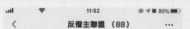

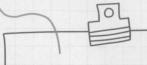

他加入了「反僭主」聯盟，和同伴一起**策劃「送便當給暴君」活動**。

註 僭主是古希臘獨有的統治者稱號，是指透過政變或以其他暴力手段奪取政權的獨裁者。

但由於活動組織得不夠專業，他們反而**被暴君發現了**。

奧義·詭辯術

雖然芝諾領了「便當」，但「芝諾的龜」理論不僅在那個年代掀起了**巨浪，**

還**間接引發**了十七、十八世紀的第二次數學危機。

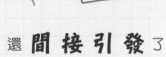

想得都開始掉髮了...

甚至到了 2400 多年後的今天，「芝諾的龜」依然是個**燒腦**的問題。

關於芝諾的爭論，目前比較一致的說法是：芝諾**並不是**單純地否定運動。

太天真了！

他提出的悖論有更深的內涵，只是我們**還不知道**而已。

一定是我們不夠了解希臘哲學史！

我們的錯！

小劇場

抬槓之王

給我一個選你加入我的戰隊的好理由！

希臘好抬槓

我超會抬槓，人稱我「槓神」。

第五回
幾何之父：
歐幾里得的故事

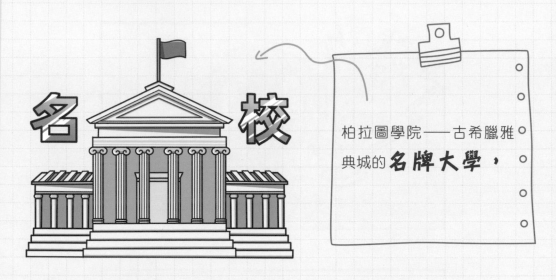

名校

柏拉圖學院——古希臘雅典城的**名牌大學**，

據說是眾多學子報考的**第一志願**。

我要上柏拉圖學院！

然而，這所學校有個**鐵則：不懂幾何者，不得入內。**

不懂幾何者，不得入內

不是吧老師，我就是來學幾何的啊！

不是吧老師，我不是數學專業的啊！

這下，前來求學的青年都**傻眼了**。

在一群學子中，有個人顯得**格外不同**。

好耀眼

這傢伙怎麼回事

他擠出人群，整了整衣服，大步**跨進了**柏拉圖學院。

嘻嘻！還好我提前看了。

在下平平無奇，數學小天才！

歐幾里得

這個人就是**歐幾里得**。

歐幾君從小就**立志**上柏拉圖學院。

誰都不能阻擋我上柏拉圖學院上

距離報考柏拉圖學院還有 108天

成功入學後，他更是一頭栽進**知識的汪洋**。

但學著學著，他發現了一個**大問題**。

到底在寫什麼嘛！

那就是：書裡一些幾何內容，寫得**不清不楚，令人費解**啊！

於是，歐幾君萌生了一個
大膽的想法：

欸！

彙編、出書，
成為幾何王的男人！

既然你們都寫不清楚，看
來是要我**出馬**了！

註 在歐幾里得之前，人們已經積累了許多幾何學知識，然而這些知識缺乏系統性，公式和定理沒有嚴格的邏輯論證和說明。將幾何學條理化和系統化，已是科學的大勢所趨，於是歐幾里得下定決心，要在有生之年完成這個工作。

與此同時，**隔壁托勒密王國的法老和國王托勒密三世，暗中關注**歐幾君很久了。

喂？歐先生，我們這裡年薪百萬，遍地大牛，要不要來亞歷山大城發展呀？

終於有一天，國王對歐幾君**拋出了橄欖枝。**

註 托勒密王朝主要統治埃及，當時埃及的首都是亞歷山大城。

這讓歐幾君**動搖**了，錢不是重點，

重點是亞歷山大城

有書、有大牛。

> 註 此時的亞歷山大城是希臘文明的中心。亞歷山大城有當時世界上最大的綜合性圖書館，收藏了地中海沿岸所有科學家、哲學家和文學家的主要著作，館內手稿逾70萬卷，因此吸引了大批學者匯聚到此。

於是，他決定接受聘僱，**跳槽**到前景更廣闊的亞歷山大城。

一路順風

他收集了以前的數學**專著**和**手稿**，

經過**請教**、**證明**、**系統化整合**三個步驟，

將幾何知識彙整成**一本**《幾何原本》。

幾何原本

註 《幾何原本》一共有 13 卷。

NO.1

歐老師的《幾何原本》一上市，就一躍成為暢銷書排行榜**冠軍**，

並引發了全民學幾何的**熱潮。**

今天你學幾何了嗎？

學幾何吧，後浪！

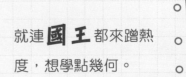

就連**國王**都來蹭熱度，想學點幾何。

但是，國王大概是個數學**學渣**，一教就會，一考就跪，

漸漸就對學幾何失去耐心。於是，他**悄悄問**歐老師，有沒有速成法。

這簡直是在**挑戰**歐老師的底線。

後人更是把歐老師稱作「**幾何之父**」。

你今天看幾何了嗎？

直到今天，他寫的《幾何原本》依舊是很多人的數學**必讀書目**。

第六回

鬥爭一生：
伽利略的故事

看什麼呢？

在文藝復興時期，教會仍具有至高無上的神權地位，他們說往東沒人敢往西。

但有一個人就敢跟他們

正面「抬槓」，

不能看嗎？

幫你報考比薩大學了啦！

所以，伽利君只能遵從父親的意願，選擇當時就業前途更好的**比薩大學**醫學系。

但進入大學後，伽利君卻迷上數學和物理，甚至還因善於**辯論**而聞名全校。

辯論大會

【熱播】伽利君的幸福生活

伽利君的幸福生活

連線中斷⋯

20:33 / 78:34 超清

原本以為大學四年就能這樣**過去**，

又四年過去了，伽利君**王者歸來**。

這個人寫得不錯，請他來上課吧！

我來安排！

註　伽利略出名後，比薩大學聘請伽利略為教授。

25 歲的伽利君因論文《論固體的重心》被比薩大學**特聘**為數學教授。

同學們，我們要重視實驗！

重回校園的伽利君開始實踐自己的教學理念：任何事情能**動手**就不動口。

註　在伽利略之前，從來沒有人如此強調實驗的重要性。

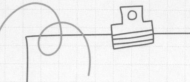

一次，伽利君在比薩斜塔上**戶外實驗課**。

 註 伽利略邀請了學者和同學來看。

他手裡拿著兩個**鐵球，**

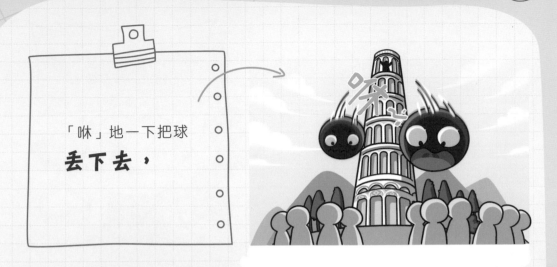

「咻」地一下把球
丟下去，

結果兩個鐵球
同時著地，

多丟幾次**還是這樣，**

這時，伽利君**說話**了，「同時丟兩個重量不同的物體，它們會同時落地！」

同時丟兩個重量不同的物體，它們會同時落地！

書上不是這樣說的啊！

谷歌也查不到！

底下的學生們議論紛紛，因為這和**書上**教的完全不一樣。

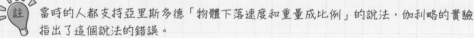

註 當時的人都支持亞里斯多德「物體下落速度和重量成比例」的說法，伽利略的實驗指出了這個說法的錯誤。

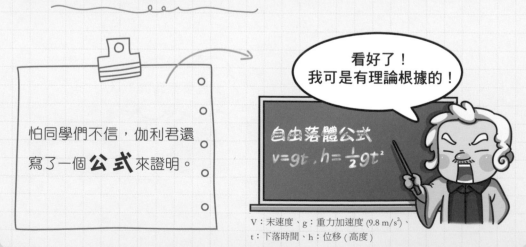

怕同學們不信，伽利君還寫了一個**公式**來證明。

看好了！我可是有理論根據的！

自由落體公式
$v = gt，h = \frac{1}{2}gt^2$

V：末速度、g：重力加速度 (9.8 m/s²)、t：下落時間、h：位移 (高度)

伽利君的這波操作，直接 **打臉** 對課本深信不疑的老師們。

滾蛋！

被打臉的老師們聯手，將伽利君 **趕出** 了比薩大學。

伽利君剛離開比薩大學，**帕多瓦大學** 就來搶人了。

您好，帕多瓦大學希望您能…

怎麼又是你？

註　伽利略在帕多瓦大學擔任數學、科學和天文學教授。

為了留人，帕多瓦大學還給伽利君一大筆**安家費**和**研究經費**。

含勞健保，包吃住
見紅就休

放手去做吧！
我看好你！

充足的經費和**自由**的學術氛圍，讓伽利君有時間思考更多的科學問題。

伽利君開始**仰望**星空，沉迷於天體物理研究。

你看這顆星，它又大又圓。

伽利君獨立發明了天文望遠鏡，藉助這個設備，他有了很多**新發現**。

註　伽利略把這些發現寫成了兩本書：《關於太陽黑子的信札》和《星際使者》。

而這些新發現都表明：當時流行的地心說是**錯誤**的。

當時，教會是地心說的鐵粉，聽見伽利君這樣說，就有點**惱火**。

不久後，伽利君寫了一本書，書中**再次**證明地心說是錯的。

註 伽利略這時寫的書是《關於托勒密和哥白尼兩大世界體系的對話》。

這下，教會徹底**怒了**，他們不管伽利君說的是不是真的，

把這個愛找麻煩的傢伙給我抓回來！

別激動！

直接把伽利君關進**小黑屋**，要他**認錯**。

我沒錯！

在這上面簽名並認錯，就放你回去！

別浪費時間了！
我們趕著下班呢！

直到伽利君**認錯**，
教會才將他釋放。

出來後，伽利君就病了，
一直靠女兒**照顧**。

爸爸…

但沒多久，女兒就「掛」
了，伽利君傷心到不行，
還**哭瞎**了雙眼，

嗚嗚嗚

最後也「**掛**」了。

伽利君快斷氣時，留下了一句**至理名言**：追求科學需要特殊的勇敢。

追求科學需要特殊的勇敢……

好嚇人啊！

救命啊！

直到 200 多年後，教會才承認錯誤，跑到伽利君**墳前**磕頭認錯。

第七回
另闢蹊徑：
劉徽的故事

魏晉南北朝是一個**鬧哄哄**的時代，

國家之間經常約架鬥毆，文人之間流行**「鬥嘴」**。

來啊，互相傷害啊！

來就來！誰怕你！

註 魏晉南北朝思辨之風再起，「清談」流行了起來。「清談」是流行於知識份子之間的一種風氣，拋開現實，談一些玄學，如老子、莊子…等的哲理。

一般來說，激辯是**文科生**的活動。

隔壁好奇的**理科生**看到後，忍不住也想加入，

於是掀起了**數學論證**的熱潮。

慢慢地，他**發現**：身邊很多人看不懂《九章算術》。

為了他的「學渣」隊友，劉徽決定把這本書**改造一下，**

改造的重點就是數學界**大魔王**——圓周率。

來啊！別逃呀！

在這之前，大家認知的**圓周率**為**3**。

註　《九章算術》原著中沿用了自古以來的數據，周三徑一（圓周長與直徑的比為三比一），即化曲為直，將圓內接正六邊形周長當作圓的周長，而圓內接正六邊形周長和圓的直徑之比值為3。直徑×圓周率＝圓周長，即圓周率取3。

倒楣！輪子怎麼設計的！

但這只是個約略值，因此，大家在設計圓形物品時不時會**出錯**。

為了減少出錯，劉徽決定研究**更精確的**圓周率。

註 劉徽認為：「學者躔古，習其謬失」。沒有創新的思想，就沒有學術的發展，就沒有人類的進步。

不過，要**怎麼做**呢？

想到這裡，劉徽馬上衝回家**實驗**。

註 他把一個圓周分成相等的 6 段，連接這些分點組成圓內接正六邊形，再將每一分弧二等分，又可得到圓內接正 12 邊形。如此無窮盡地分割下去，就可得到一個與圓完全相和的正「多邊形」。

呼，終於算出來了！

果然，這個辦法是**可行的**。

註 劉徽從圓內接正六邊形開始，邊數依次加倍，直到正 192 邊形，得出新的圓周率約等於 3.14，之後又計算出正 3072 邊形的面積，得到圓周率約等於 3.1416。

而這個辦法，就是著名的**割圓術**。

割圓術

好不容易**通關**拿下圓周率，

但這**僅僅**是個開始，

劉徽將「**不滿意、要創新**」的精神發揮到極致，

一手推理、一手創新，寫了一本通關祕籍——**《九章算術注》**。

不要666銖錢，不要66銖錢，

只要6銖錢，通關祕笈帶回家！

這本祕笈讓數學更加 **接地氣，** 深受學子的好評。

輕輕地我走了，正如我輕輕地來。

寫完祕笈後的劉徽去做什麼了？**沒人知道。**

劉徽的事蹟

◎ 搜尋

Q 網頁　圖 資訊　影片　圖片

為您找到相關結果約0個

▽ 搜尋工具

很抱歉，沒有找到與 "劉徽的事蹟" 相關的網頁。

溫馨提示：

- 請檢查您的輸入是否正確
- 如網頁未收錄或新站未收錄，請提交網址給我們
- 如有任何意見或建議，請及時回饋給我們

歷史上，關於劉徽的生平記載 **比較少，**

消失的劉徽偶爾也會以別的方式 **冒出來**。

比如，200 年後，一個叫 **祖沖之** 的年輕人將圓周率精確到小數點後 7 位。

 註 劉徽的《九章算術註》為祖沖之更準確地推算圓周率奠定了基礎。

再比如，又過了幾百年，宋徽宗突然封他為**淄鄉男**。

XX男　　淄鄉男

註 因為劉徽卓越的數學成就，宋徽宗在公元 *1109* 年封他為淄鄉男。「淄鄉」是地名，屬現在的山東，由於同時被封的其他人均以其故鄉命名，由此史學家推斷劉徽是山東人。

超模君
專利
徽率
編號 0000
身分證 1111
發證單位 超模君

為了紀念劉徽，後人將他計算出來的圓周率 **3.14** 稱作「**徽率**」。

外國學者甚至給了劉徽
**「中國數學史上
的牛頓」** 的美譽。

總之，江湖一直都有劉
徽的 **傳說。**

小劇場
霸總語錄

←表妹的數學試卷

我覺得這個圓
畫得不行！

我覺得……

俗話說得好，有人的地方就有 **江湖**，

有江湖的地方就有
「幫派」。

今天我們就來聊一聊古希臘
四大「幫派」掌門人之一的
畢達哥拉斯。

畢達哥拉斯
Pythagoras

註 其餘三個「幫派」分別是以泰勒斯為首的米利都學派、以赫拉克利特為首的愛菲斯學派，和以巴門尼德為首的埃利亞學派。

畢達君出生在一個
貴族家庭，

從小就喜歡去各個地方
遊學，

埃及

巴比倫

古希臘

註 畢達哥拉斯曾去埃及、巴比倫、古希臘等地遊歷。

在外**闖蕩**十幾二十年沒回過家。

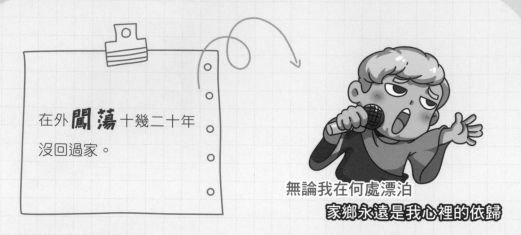

無論我在何處漂泊
家鄉永遠是我心裡的依歸

時間久了，畢達君的**思鄉之情**油然而生。

於是，30 歲的畢達君收拾行李，踏上了**返鄉**之路。

萬物

皆數

救命啊

更要命的是，畢達君在家鄉逢人就宣傳自己的**新理念：萬物皆數**。

註：畢達哥拉斯提出：「數」是萬物的本源，而當時古希臘人認為世界是由火、氣、水、土組成的。

這就惹惱了老家人，他們直接把畢達君**趕出**了小島。

走開！

這下子，畢達君被迫離家，漂洋過海來到了**埃及**。

在埃及，畢達君開始推廣**科普**老家古希臘的哲學文化。

畢達君的直播吸引了大批粉絲，甚至還有人找他**拜師**。

我口才那麼好，當老師一定沒問題！

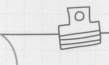

這給了畢達君莫大的鼓勵，他決定成為一名**優質的老師！**

不過，去**哪裡**當老師好呢？

經過**一番思索**，畢達君決定把講學的地點定在**家鄉**。

就這樣，畢達君回到了家鄉，蓋了間學校準備 **講學**。

結果學校建好了，當初說要拜師的人一個都 **沒來……**

你們這群騙子……

傷心

沒有學生來聽課，畢達君每天在學校 **閒得「摳腳」**。

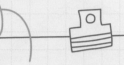

為了打發時間,他甚至**花錢**請人來聽課。

果然,給錢就是不一樣,一個**小男孩**成了他的學生。

一開始,小男孩是為了**錢**去的,結果沒幾天,他就被畢達君**圈粉**了,

甚至在畢達君停課後，主動**花錢**請畢達君講學，

老師，800元再多一堂課吧！

還成了畢達君忠實的**小跟班。**

由於這一次畢達君只和小跟班宣傳自己的觀點，因此畢達君和老家人相處得**十分愉快。**

但他因政治觀念不同，和僭主**槓上**了……

 註 畢達哥拉斯反對推行僭主政治。

WANTED

DEAD OR ALIVE
MONKEY.D.PYTHAGORAS
฿ 30,000,000-

結果當然是鬥不過僭主，**黑掉**了。

一看**苗頭不對**，

畢達君馬上帶著老母親和
小跟班**匆匆跑路**。

他們這次跑路的**目的地**
是南義大利的克羅托內。

和老家人不同，克羅托內
人民**十分歡迎**畢達
君的到來，

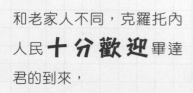

歡迎隔壁村之光！

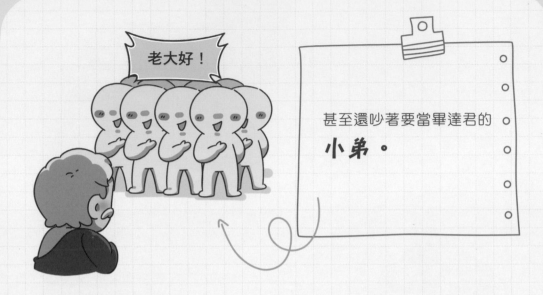

甚至還吵著要當畢達君的
小弟。

奔波大半輩子的畢達君，
終於來到人生的**巔峰**
時刻了嗎？

第九回
一鳴驚人：
畢達哥拉斯的故事（2）

話說畢達君在克羅托內贏得了一群**迷弟迷妹的心**，

不僅如此，他還和當地**貴族**「成功牽手」。

確認過眼神！※

你就是對的人！※

貴族

※ 出自林俊傑《醉赤壁》，作詞：方文山。

在貴族的支持下，他創立了自己的「幫派」，

幫 主

註　畢達哥拉斯學派是一個政治、學術、宗教三位一體的秘密團體。

拉斯學院
報名熱線！
43825022

廣收門徒，繼續實現他當**老師**的夢想。

跟著我一起把手舉起來～

畢達君和貴族還常常一起**開派對**。

有一次，畢達君**受邀**參加派對。

邀請函

尊敬的畢達君：
您好！在此誠邀您參加「未知的飯桌」
派對，希望您能夠在百忙之中抽空前來！

時間：8月21日晚10:00
地點：超模大飯店
超模科普漫畫特約贊助

開飯時間到了，大餐卻遲遲**沒有**上桌。

周圍人餓得**一肚子火，**畢達君卻十分淡定。

怎麼還不上菜！

餓死了！

敲一下！

他的注意力完全被腳下的 **正方形地磚** 吸引了。

畢達君覺得，**地磚**那麼美麗，**數**也那麼美麗，

地磚＝數＝完美

真相只有一個！

那麼地磚和數之間，一定有不可告人的 **關係**。

這裡可是我家！

為了驗證自己的這個想法，邏輯鬼才畢達君直接在別人家的地磚上開始**寫寫畫畫。**

在派對上沒推敲出來，畢達君回到家後繼續**思考。**

$$a^2+b^2=c^2$$

幾番「折騰」後，幾何中重要定理之一的**畢達哥拉斯定理，** 新鮮出爐了。

註　畢達哥拉斯定理簡稱「畢氏定理」，也叫「勾股定理」或「商高定理」。

相傳，畢達君還特地殺了**一百頭牛**來**慶祝**自己的重大發現。

 註　因此，畢達哥拉斯定理又稱為「百牛定理」。

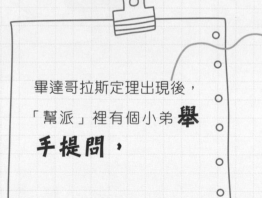

畢達哥拉斯定理出現後，「幫派」裡有個小弟**舉手提問，**

按照這個定理，邊長為 1 的等腰直角三角形的**斜邊長度**是多少呢？

這時，大家才猛然發現，居然**沒有**一個數可以表示這個長度。

 對畢氏學派而言，所謂數僅指整數。兩個整數之比並非分數，而是另一類的數。無理數當時還未出現。

這簡直是對「幫規——萬物皆數」的**致命打擊**。

NO!

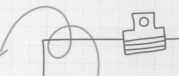

打自己臉的事能大肆宣傳嗎？**當然不能！**

於是，「幫派」規定任何人**都不能**把這事說出去。

去領便當吧！

小弟

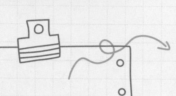

為了以防萬一，提出這個問題的人還被**解決**了。

 註 關於這個人的結局有兩種說法，一是這個人被拋進了大海，二是他被驅逐出畢達哥拉斯學派。有人為他立了一個墓碑，就好像他已經死了一樣。

少了一件操心事，畢達哥拉斯的「幫派」發展得**蒸蒸日上，**

甚至在克羅頓**掌權**20 年之久。

見此情形，權力被分走的貴族當然有點不開心了。

他們和民主派聯合起來，上門「**問候**」了畢達君。

註 畢達哥拉斯學派支持奴隸主貴族的統治，與民主派不和。

畢達君和小弟們招架不住，就這樣被狠狠**收拾**了。

「幫派」被擊碎了不說，就連畢達君自己也和幫眾結伴去**見閻王**了。

幸好，倖存下來的小弟**忠心耿耿，**

繼續招兵買馬**壯大「幫派」。**

幾十年後，當「幫派」準備再次**開打**時，

又被狠狠地

收拾了……

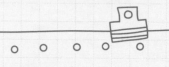

不過,「幫派」十分

頑強,

存活了兩個世紀,才
逐漸消失在歷史
的洪流中。

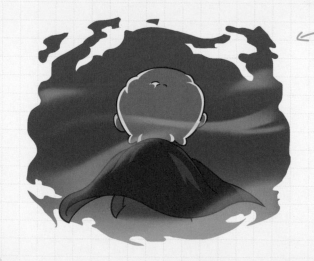

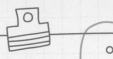

畢達君創立的畢達哥拉斯學派，是後世公認的**古希臘四大學派之一。**

還差得遠呢！

畢達君的成就**遠不止**上面所提這些。

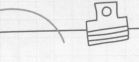

他在幾何學、天文學、音樂、哲學等**多個領域**都有研究和貢獻，

但也得出過一些現在看來是**錯誤的**結論。

錯！

畢達哥拉斯

總之，畢達哥拉斯無疑也是一位**偉大的哲學家**。

第十回
柳暗花明：
韋達的故事

文藝復興時期，

科學、藝術

都很興盛，

哥們你怎麼混的？家裡竟然連個數學家都沒有！

但在法國，連一個有點人氣的數學家都

沒有。

弗朗索瓦·韋達

直到一個人的出現，才打破了這個局面，他就是代數之父**弗朗索瓦·韋達**。

韋達君生於**富貴**之家，爸爸是個法官。

富二代！

不，我還是官二代。

在當時，法官是男性**最拉風**的職業。

韋達君的爸爸有一個目標：把韋達打造成和自己**一樣拉風**的人物。

哇，好耀眼！

於是，韋達君被送到了法國最厲害的**法律名校**讀書。

 註 韋達到了普瓦捷大學學習。

韋達君雖是文科生，卻對數學很**感興趣。**

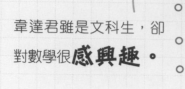

再不交作業，等著被當吧！

教授

但為了能順利畢業，韋達君也只能暫時**放下**數學。

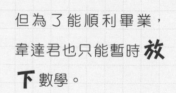

畢業後，韋達君開始了**律師升職記，**

結果當場就被 **炒了魷魚**。

恭喜你！
你被辭退了！

註 韋達因在政治上處於反對派地位被免職。

人生如潮起潮落
總有起起伏伏

失業後的韋達君陷入了
迷茫，

滿血復活

但三天就原地復活，他重拾自己的興趣——**數學**，開始投入研究。

這時，法國和西班牙**開打起來，**

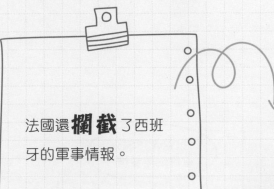

法國還**攔截**了西班牙的軍事情報。

乖乖交出來吧！

這什麼東西！
根本是火星文…

然而，攔截下來的
軍事情報根本沒人
看得懂。

註 西班牙用複雜的密碼傳遞情報。

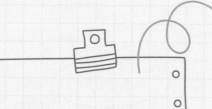

這時，有人向國王**推薦**了韋達君。

可以召韋達過來，
或許他能看懂！

韋達君接到消息後
立馬趕到，

連續兩天通宵熬夜，
破解了情報。

搞定！

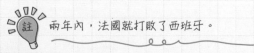

註 兩年內，法國就打敗了西班牙。

用一個東西來
表示另一個東西？

破解情報後，韋達君
大受啟發，

分析方法
入門

一口氣完成了自己的
**代表作：《分
析方法入門》。**

 註 《分析方法入門》是歷史上第一部符號代數著作。

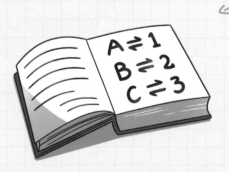

A ⇄ 1
B ⇄ 2
C ⇄ 3

在書中，他第一次**嘗
試**用字母表示未知數
和已知數，

 註 韋達是第一個有意識地、系統地使用字母代替數進行數學運算的人。

因此，也被人稱為**代數**之父。

叫爸爸

有人在嗎？

不久後，一名荷蘭使者來法國**串門子**。

正當大家聊得很嗨的時候，使者**拋出**一個數學問題：解 45 次方程式。

不是我瞧不起你們，你們一定解不出來的！

45次方程式

被外國使者**嘲笑**，法國國王一下子就被激怒了，

竟然嘲笑我們！走著瞧！

把韋達君叫來！

是！

立刻派出**秘密武器**——韋達君。

結果，韋達君很快就**解出來**了。

就這題？!這種我一分鐘能解10題。

正解：

國王喜上眉梢，對韋達君大加**獎賞**。

此後，韋達君繼續開掛，不僅完成了新的著作，還提出了**韋達定理**。

註 韋達在《論方程的識別與訂立》這本著作中，說明了一元二次方程式中根和係數之間的關係，後人稱這個關係為「韋達定理」。

為了讓更多人看到自己的著作，韋達君還**自己掏錢**出版了這本書。

但這本書的難度
太高了，**乏人
問津**……

新書簽名會

韋達君**掛掉後，**

有人**簡化**了這本書，
這才引起大家的注意。

暢銷書籍

人們這才發現，韋達君原來是個隱藏的 **大師，**

沒有不能解決的問題！

而韋達的 **那句：**

沒有不能解決的問題，

努力奮鬥

更 **激勵** 著後人，不斷在數學研究的道路上勇往直前。

第十一回
富商大賈：
斐波那契的故事

中世紀的歐洲在發展的道路上一路狂奔，結果「啪唧」一聲掉進了**黑暗時代**，經濟、文化停滯不前。

註 歐洲歷史三大傳統劃分時期的中間時期被稱作中世紀。中世紀又分為前、中、後三個時期，中世紀前期又被稱作「黑暗時代」或「黑暗時期」。

好不容易熬出了頭，到了中世紀中期，商人們又重新**活躍**了起來。

跳樓大拍賣

每件10元！
每件只要10元！

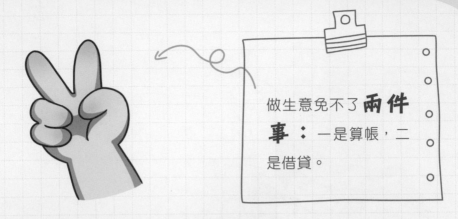

做生意免不了**兩件事**：一是算帳，二是借貸。

東西比較多，一個小時後我應該能算出來！

……

你來我往的買賣發生後，就要考慮如何把帳**算清楚**。

I II III IV
1 2 3 4
V VI VII VIII
5 6 7 8

這些就是羅馬數字！

好像圖畫哦！

當時，歐洲算術主要是用**羅馬數字**，

但羅馬數字太複雜，**解決不了**霸道總裁們動輒百萬元的帳。

一個人的出現解決了這個問題，他就是義大利數學家**斐波那契**。

斐波君出生在**義大利比薩**的一個富裕**商人家庭**，

吸星大法

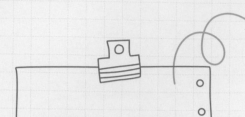

一邊四處拜師，**學習**各種數學知識。

斐波君**非常聰明，**

回到家鄉後，把學到的知識全都**記錄**下來，

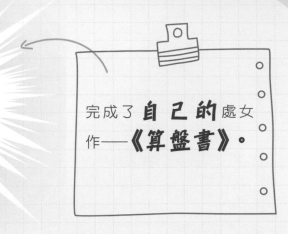

完成了**自己的**處女作——**《算盤書》**。

註 《算盤書》又譯作《計算之書》、《算經》或《算書》。

這本書中包含了比羅馬數字更好用的**阿拉伯數字**。

你知道阿拉伯數字嗎？

那是什麼？阿拉伯人的新東西？

不過，這麼簡潔的數字，**沒有人**聽說過。

於是，熱心的斐波君在老家發起一波猛烈的阿拉伯數字**推銷活動**。

漸漸地，簡單便利的阿拉伯數字成了老家人的**心頭好**，

之後還跟著商人們漂洋過海傳遍了**整個歐洲**，現在更是雄霸了**整個世界**。

做生意涉及的第二件事就是**借貸**。

超模君，借我10元。

兄弟抱一下，說說你的心裡話。※

利息　借貸

當時，借貸業也是個新興產業。借貸有個好兄弟，叫作**利息**。

雖然當時教會**明令禁止**收利息，

利息

教　會

※ 出自龐龍《兄弟抱一下》，作詞：蔡龍波。

嘿嘿，又是我！

但這攔不住一些膽大的數學家以討論數學的名義**研究利息**，例如**斐波君**。

《算盤書》裡就有許多與利息有關的**數學題**，例如「**兔子問題**」。

 註 1228 年的修訂版《算盤書》記載了兔子問題，即：兔子在出生兩個月後就有繁殖能力，一對兔子每個月能生出一對小兔子，如果所有兔子都不死，那麼一年後一共有多少對兔子？

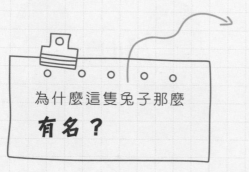

為什麼這隻兔子那麼**有名？**

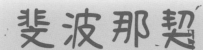

因為斐波君的兔子引出了一串神奇的數字：**斐波那契數列**。

註 斐波那契數列是這樣的一個數列：1, 1, 2, 3, 5, 8, 13, 21, 34, 55, 89, 144, …。從第三項開始，每一項都是前兩項之和。

這個數列奇就奇在**非常自然**，把它畫成**圖案**，如右圖所示，

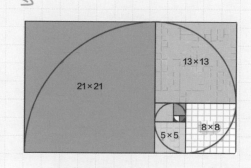

13×13

21×21

5×5 8×8

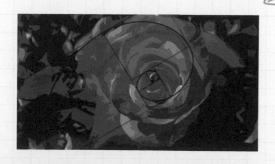

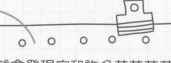

就會發現它和許多花花草草「**撞臉**」了！

不僅如此，它還和**黃金比例**關係密切。

 註 斐波那契數列的數量越接近無窮大，前一項和後一項的比就越接近黃金分割0.618。

難怪有人說，若自然界存在造物主，那他一定是個**數學家**。

寫完《算盤書》後，斐波君的寫作**根本停不下來，**

陸陸續續又寫了好**幾本書**。

人們原以為斐波君會在寫書的路上**一馬當先**，

讓我們紅塵作伴，活得瀟瀟灑灑！※

- 全劇終 -

誰知道寫完這些書後，斐波君就「**掛**」了。

※ 出自動力火車《當》，作詞：瓊瑤。

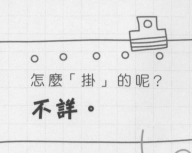

怎麼「掛」的呢？

不詳。

號 中歐晚報 外

著名數學家意外身亡

這真的是，
怎麼死的都不知道
……

我不僅生產知識，
還是知識的搬運工！

縱觀斐波君的一生，如果用一句話總結，那一定是：我不僅生產知識，還是知識的搬動工！

後世有人評價道，斐波君一生最大的成就是：他帶給歐洲**阿拉伯數字**。

阿拉伯數字

斐波那契
數列

不過也有人認為，他最大的成就是：**斐波那契數列，**

perfect

大哥　偶像　男神

因為它讓人們再一次發現：數學**還挺美的！**

第十二回 草根崛起：
克卜勒的故事

富商

貴族

貴族

皇親國戚

盤點前面幾位介紹過的**數學大師，**簡直就是炫富比賽。

現在，我們要介紹一位散發著貧窮氣息的**草根人物，**他就是**天空立法者——克卜勒。**

等等我!

好時機

克卜君的一生用一句話總結：**都沒趕上**好時機。

出生沒趕上好時機

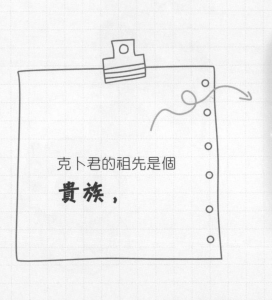

克卜君的祖先是個 **貴族，**

↖ 克卜勒的祖父

天公伯啊！！

↖克卜勒

但克卜君完美避開了家族全盛時期，精準出生在**家道中落**的時候。

幼時的克卜君還得了天花，這導致他**視力受損**，雙手輕微**殘疾**，

總之一個字，就是**慘**。

雖然家裡沒錢、身體殘疾，但是克卜君**並沒有**放棄學習，

請問我都這樣了！
不讀書還有出路嗎？

還憑著優異的成績拿到了**獎學金**，順利進入大學學習**文學**和**神學**。

工作沒趕上好時機

將頭髮梳成大人模樣

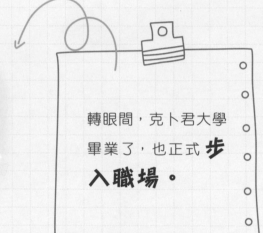

轉眼間,克卜君大學畢業了,也正式**步入職場**。

他本想當**牧師**,但因為沒有「牧師資格證」,

先生,要辦證嗎?

只好去學校當**老師**，
順便**占卜**。

專業占卜
一次100元

走開！

結果沒多久，學校就因為
宗教問題把克卜君**踢
出**了學校。

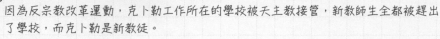

註 因為反宗教改革運動，克卜勒工作所在的學校被天主教接管，新教師生全都被趕出
了學校，而克卜勒是新教徒。

雖然學校後來反悔了，重
新請他回校工作，但克卜
君**拒絕了**。

回來教書好不好？

當初是你
說不要的！

拜師沒趕上好時機

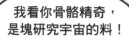

我看你骨骼精奇，是塊研究宇宙的料！

克卜君在學校教書的時候，寫了人生中第一本**宇宙論**方面的**書**：《宇宙的神秘》。

這也是第一本公開支持哥白尼的**日心說**的書。

放心去吧！剩下的就交給我！

克卜君還喜孜孜地把這本書寄給了著名的天文學家**第谷**。

第谷一看，覺得這書雖然寫得不怎麼樣，但很有**想像力**。

於是，第谷收了克卜君做助理兼徒弟，兩人聯手**把事業做大**。

但克卜君萬萬沒想到，
拜師第二年，老師就
「掛」了。

升遷沒趕上好時機

老師「掛」了，學生頂
上，克卜君**接**了第谷的
工作，從助理**升職**為
皇家數學家。

但國王變得十分**摳門，**只給克卜君**一半**的工資，甚至還找各種理由**不發**薪水。

你看，不是我拖欠薪資！是黃曆上說這個月不宜發薪水！

不宜發薪

保平安

當社畜

克卜君不想再次失業，只能**忍氣吞聲。**而且他的注意力在另一件更重要的事情上。

他用偶像**哥白尼**的**勻速圓周運動**理論來計算行星的運動軌跡，

埋頭苦算了 4 年，但就是和老師留下的堆積如山的觀測資料 **對不起來。**

於是，他大膽做了一個 **假設，** 行星有沒有可能跑得時快時慢？

行星

太陽

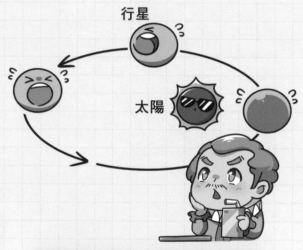

這樣應該沒問題了吧！

按照這個思路，他開始**重新計算。**

於是，制霸高中物理的**克卜勒三大定律**誕生了！

老二 老大 老三

三大定律

神奇的是，第一個「出生」的其實是**「老二」，**

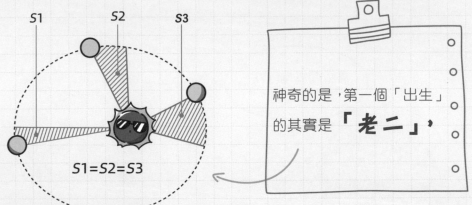

S1   S2   S3

S1=S2=S3

註 克卜勒第二定律：在相等時間內，太陽和運動著行星的連線所掃過的面積都是相等的。

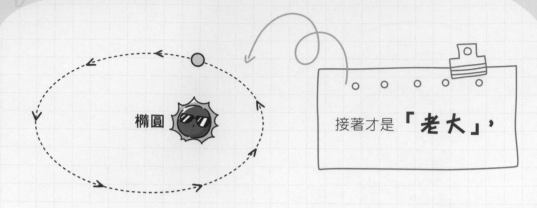

橢圓

接著才是「老大」，

註 克卜勒第一定律：每個行星都沿各自的橢圓軌道環繞太陽，太陽在這些橢圓的一個焦點上。

難產了 10 年，「老三」也「出生」了。

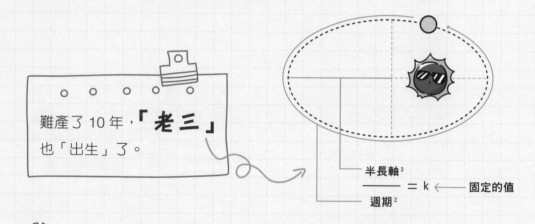

$$\frac{半長軸^3}{週期^2} = k \longleftarrow 固定的值$$

註 克卜勒第三定律：行星繞太陽公轉週期的平方與其橢圓軌道的半長軸的立方成正比。

眉中間有個紅點，頭紗遮住臉。※

行星

三大定律是太陽系天體的**運動法則，**它揭開了行星運動神秘的面紗。

※ 出自孫燕姿《神奇》，作詞：天天。

因此，克卜君又被稱作
「天空立法者」。

雖然克卜君因此名聲大噪，但他依舊在**貧窮道路**上狂奔。

而年過半百的克卜君也不再吞忍，決定長途跋涉去找小氣的國王**討薪**。

願天堂準時發放薪水！

結果**病死**在路上了…

小劇場
想不到吧

嗯?

國王,
占卜第一步先看星象,
你看那個月亮……

像不像你欠我的薪水?

……

第十三回

抑鬱而終：
秦九韶的故事

五百年哦！

西

东

在古代，有一個數學家取得的一項成就，足足**早了西方的高斯500年**。

沒錯，他就是**秦九韶——九韶君！**

九韶君出身於高級知識分子家庭，往上數三代都是**進士**。

對於下一代的教育，秦爸自然**十分掛心**。

兒啊，
看爹給你帶回來的禮物！

管理員

秦爸官至秘書少監，相當於現在的**國家圖書館管理員**。

有一年，一個叫郫江的地方**暴雨成災**。

這是我的地盤！

有寫你的名字嗎？

九韶君一日**路過田野**，碰巧遇見兩個農民在**吵架**。

註 郫江，長江支流涪江的支流。

九韶君一問，原來是洪水衝垮了**田隅**，導致原本是兩塊**三角形**的田，變成一塊不規則的**四邊形的田**。

田當然要分，不過，

怎麼分呢？

這種事可**難不倒**九韶君，他沒有隨便給農民劃分田地，

有了！

農田劃分圖

而是先**大量田地**的邊長等數據，以此**推算**出田地的面積，然後才幫他們**劃出**邊界。

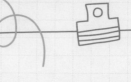

這樣有憑有據的劃分讓兩個農民十分滿意，九韶君也因此在當地**聲名大噪**。

九韶君這種由邊長求三角形面積的公式，叫作**三斜求積術**。

海倫　　　　秦九韶

後來，人們發現三斜求積術與西方的海倫的公式居然**驚人的一致**。

於是，人們便把這個公式親切地稱為**海倫 - 九韶定理**，並且沿用至今。

哎呦，不錯哦！小夥子……

前輩也很厲害呢！

商業互捧

官員九韶君　　　　學者九韶君

九韶君一邊當官，一邊**研究數學問題，**

還利用數學知識**設計石壩**、疏浚河渠讓百姓免受淹水之苦。

呼呼

 註　浚，就是挖深、疏通的意思。

然而就在這時,九韶君的父母「掛」了。

為了給父母守孝,九韶君**辭職回家**。

皇上,
中原那麼大,
我想去瞧瞧!

爹娘你們安心去吧!
我一定會努力的!

在守孝的三年裡,九韶君也不忘數學,他把積累的**數學問題**整理成一本書,

這就是流傳後世、大名鼎鼎的《數書九章》。

《數書九章》中有一個叫「大衍求一術」的定理，領先了西方五百年。

五百年哦！

註 大衍求一術是求解此類問題的系統論述，例如：有一個整數除以3餘2，除以5餘3，除以7餘2，求這個整數。

這…實力碾壓啊！

完勝

五百年後，西方的數學家高斯才發現了與九韶君一樣的定理。

除了把數學問題寫進書裡，九韶君還在這本書裡談了很多**政治理念**，

比如：**控制房價，建立工商監督局和官員監督制度。**

果斷行動！解決問題！

勞煩您，一定要把這本書呈給皇上看！

好說好說！

寫完後，九韶君覺得光自己看沒用，得讓更多官員看到才行，於是，他把書寄給了**朝廷**。

皇上，
這是秦大人新出版的書，
想請您親自過目！

沒看到我正在忙嗎？

文臣

武將

但朝廷忙著**內鬥**，
不看。

大人，
你就帶我一起
上朝廷吧！

九韶君不死心，他決定
去抱 **大咖** 的大腿，
想藉此讓朝廷看到自
己的書。

然而，九韶君抱錯了大
腿，大咖內鬥**失敗**了。

終於找到你們了！
給我上！

梅州

九韶君也因此受到了**牽連**，被貶去當時的**窮鄉僻壤——梅州**。

傾注一生的心血居然不受重視，九韶君最終**鬱悶地「掛」了**。

九韶君死後很長一段時間，《數書九章》還被朝廷列為**禁書**，

過了多年，才被後人**撰抄再版**。

因為政鬥失敗，九韶君死後還遭到政敵**詆毀**，社會上也對他**惡評如潮**。

又過了多年，九韶君**才漸漸得到認可**。

別哭別哭，我們都挺你的！